纸上魔方 / 编著

军事里的数学

山东人民出版社

全国百佳图书出版单位 国家一级出版社

图书在版编目（CIP）数据

数学王国奇遇记. 军事里的数学 / 纸上魔方编著. —
济南：山东人民出版社，2014.5（2022.1 重印）
ISBN 978-7-209-06253-4

Ⅰ. ①数… Ⅱ. ①纸… Ⅲ. ①数学 – 少儿读物 Ⅳ.
① O1-49

中国版本图书馆 CIP 数据核字 (2014) 第 028598 号

责任编辑：王　路

军事里的数学

纸上魔方　编著

山东出版传媒股份有限公司
山东人民出版社出版发行

社　址：济南市英雄山路 165 号　邮　编：250002
网　址：http:// www.sd-book.com.cn
推广部：（0531）82098025　82098029

新华书店经销
天津长荣云印刷科技有限公司印装

规　格　16 开（170mm×240mm）
印　张　8
字　数　120 千字
版　次　2014 年 5 月第 1 版
印　次　2022 年 1 月第 3 次
ISBN　978-7-209-06253-4
定　价　29.80 元

如有质量问题，请与出版社推广部联系调换。

目 录

第三章　军事术语中的数学计算

第四章　智囊团的数学谋略

第一章

军事武器的数学奥秘

枪支口径的奥秘

　　小朋友们，你们知道枪支为什么是有口径的吗？这个"口径"又是什么意思呢？一般来说，枪支和大炮的口径都是指枪和炮的内直径。

　　现代枪支分为线膛枪和滑膛枪两种。线膛枪内有膛线，枪管中凸起的叫阳线，凹下去的叫阴线。所谓的口径指的就是这两条阳线之间的距离。一般来说，弹头的直径是阴膛线的直径，只有这样弹头才会被嵌入到膛线中旋转，并且起到闭气的作用。

　　滑膛枪则是以号数来表示的。比如：12号滑膛枪的枪膛正好可以通过1磅的纯铅制作出的12个小球，于是被称为"12号滑膛枪"。这种枪的枪口

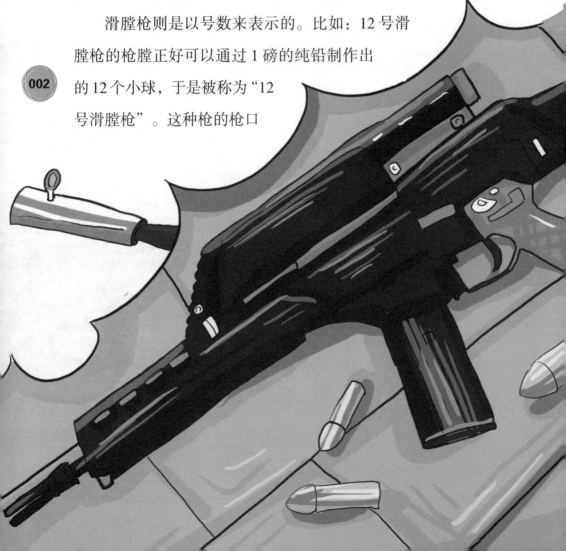

直径是 18.5mm。标准的滑膛枪可以独立发射，也可以发射霰弹、集束箭形弹、催泪弹、染色弹和非致命防暴动能弹等多种弹种。

一般来说口径是用毫米来表示的，欧美国家也使用英寸来表示，其中 1 英寸 =25.4mm（毫米）。在用英寸表示枪支口径的方法中，一般都会省略 0 和单位英寸，只保留小数点和小数点后面的数字。比如 0.25 英寸口径的枪支，写的时候就写作".25 口径"

或者干脆写为"25 口径"，读的时候则直接读作"点二五口径"或者"二五口径"。有些对军事常识不熟悉的人则会在 25 后面再加上 mm，于是一支普通口径的枪就变成了 25 毫米口径的大口径枪，其实这样写是不正确的。

步枪、手枪、冲锋枪和机枪的口径都是各不相同的。步枪一般有 7.62mm、5.56mm、4mm、5.8mm 等几种口径，其中以 7.62mm 口径最为常见。手枪大多是 9mm 和 7.62mm 口径，冲锋枪以 9mm 口径居多，机枪的最小口径是 7.62mm，最大口径是 14.3mm。

　　各个国家的枪支口径也是有区别的。苏联和现在的俄罗斯一般采用 5.45mm 口径的枪支，以美国为首的欧美国家主要采用 5.56mm 和 6.8mm 口径的枪支。

　　一般来说，狙击步枪因为射程远，所需的子弹直径比较大，所以狙击步枪的口径一般都偏大。目前口径最大的狙击步枪是巴雷特 XW109，人们也把这种枪称为重狙击。美国目前正在研究最小口径的枪支，据说这种枪支的口径还不到 0.1mm，所射出的子弹比芝麻还小，但是威力极大，是专为间谍们设计的。

修长的狙击步枪

　　小朋友们，你们可能在影视作品中见过狙击步枪，你们也许会发现，所有的狙击步枪都有长长的枪管。大家可能会觉得奇怪，狙击步枪应该越小越好，越短越好呀，为什么枪管却要那么长呢？其实这里面可是大有文章的。

　　狙击步枪的打击点很小，它要求在远距离射程上保持良好的射击精度，因此在同口径情况下，使用重弹头效果更佳。因为重

弹头能持续保持较快的速度，弹道也更平坦，对不同距离的修正也可以相对少一些，哪怕子弹的初速度比较低，但是在远距离上的稳定性比较好。

由于要发射重弹头，枪支的后坐力就会很大，这样就必须适当地降低子弹的初速度。

同时，发射重弹头也会导致膛压太高的问题，所以一般的狙击步枪采用的是硝基无烟火药。这种火药燃烧速度比较慢，完全燃烧需要比较长的时间，所以枪管就必须加长，这样才能让硝基火药获得连续的压力，以让弹头的旋转更加流畅。长枪管还可以避免枪膛膛压太高而导致的炸膛。另外，如果想在不增加膛压的情况下提高初速度，也需要硝基火药，但是装药量要提高数倍。

美国人现在已开始使用M16系列的小口径狙击步枪，这种狙击步枪采用双基扁球火药。这种火药燃速比较快，膛压也比较高，初速度也很高。

但是这种小口径枪的子弹弹头比较轻，飞行时间比较短，在远距离射击上的稳定性不如原来的狙击步枪那么好。

总的来说，狙击步枪的枪管长是因为使用了低速火药发射重弹头。对于很多军事爱好者而言，这是一种军事常识，其中所包含的数学原理也值得我们一探究竟。

作战地图模型

在各种军事题材的电影和电视剧作品中，小朋友们可能会看见作战指挥官和作战参谋们站在一个地形模型前指指点点，研究作战方案。这种根据地形图、航空照片和实地地形，按一定的比例关系，用泥沙和其他材料制作出来的模型就是所谓的沙盘。

沙盘在作战和军事演习中有很大的作用，它形象直观，而且制作简单，经济适用等特点。沙盘主要供指挥者们研究地形、布置作战方案和演习战术使用。

中国最早的沙盘出现在秦朝，据说秦始皇能够亲手制作沙盘以研究各国的地形。后来在修建陵墓的时候，秦始皇命人在自己的陵墓中建造了一个巨大的地形模型，上面有高山、丘陵、城池和大江大河，这可以说是最早的沙盘了，距今已经有 2 200 多年历史。

很多小朋友可能会想，制作沙盘不就是堆沙子、做地形吗？这很简单呀。假如你这么想，那就大错特错了。沙盘制作可不是

一件容易的事情，这其中包含着很多数学知识。

比如我们要绘制一个 100 平方千米土地范围内的沙盘，最终绘制出来的沙盘面积为 1 平方米，那么沙盘的水平比例尺就是 1∶10 000。实际地形中的河流、山峦都要按照这个比例进行绘制，配合着地图和相关数据，我们必须将山的高度按照一定的比例缩小，河流、沟壑、建筑也是一样的。除此之外，在各个军事要地中，哪些地方重要，哪些地方次要，在沙盘上也要用一定的标志物标示出来。有些沙盘上面可能还要标明对某个地方的兵力部署及该地的军队实力。

沙盘不一定是用沙子做的。一般沙盘分为简易沙盘和永久性沙盘两种。简易沙盘主要是泥沙和兵棋在场地上临时搭建的，永久性沙盘则使用泡沫塑料、胶合板、石膏粉和纸浆等堆砌而成。沙盘不仅仅用于军事领域，它的主要功能是表示地形地貌特征，所以在交通、水利、国土资源以及旅游等各个领域都有广泛应用，是一种多用途的模具。

在电子计算机出现以后，沙盘开始向电子沙盘转化。电子沙盘通过卫星技术收集信息后，利用电脑进行绘制而得到，这样的沙盘更加精密，作用也更大。电子沙盘甚至可以囊括一些具体的指令和部署，这样打起仗来，指挥者们指挥战斗就更加方便啦。

军事地图的绘制

　　军事地图是为了军事战略、战术部署和行军战斗而绘制的地图。一直以来，军事地图都是作战指挥官们最常用的指挥工具。通过军事地图，指挥官可以迅速分析战场形势，部署部队，实施战略计划。

　　绘制军事地图可不是一件简单的事情。绘制普通地图，只要标注出整个地形地貌的概况就可以了，但是绘制军事地图要下更多的功夫。除了要绘出地理环境，绘制军事地图还要考虑兵种、联络条件和战略部署等重要的内容。

现代的陆军军事地图一般采用 1 : 50 000~1 : 100 000 的比例尺，也就是将实际距离在地图上缩小到原先的 1/50 000 至 1/100 000。这种军事地图的等高线间距最大可达 5 米，还需要表达出渡口、水系、桥梁载重、河底土壤和人文背景等内容。

　　除了标示当地的具体地貌，军事地图上还有很多个体符号、连线符号和面状符号。个体符号用于标示要塞、路口和伏击地点等；连线符号主要标示进军路线和战略主攻方向；面状符号则是对敌人兵力覆盖区、占领区和实力范围的涂色划分。不同军事单位的军事地图是不一样的。小朋友们在历史课本中经常看到的是连线符号地图和面状符号地图，这些地图是战后进行的一种军事总结，和真正的军事地图是不一样的。

在进入信息化时代后，开始出现了以数字形式储存在磁盘中的数字军用地图。通过对一种叫作虚拟现实技术的利用，军事地图进入了"可进入地图时代"。美国广播公司于 2001 年 11 月 18 日报道称，美国陆军每年都要花费巨资购买模拟训练指挥系统，这种系统其实就是一种"可进入地图"。这种地图对地质、地貌、环境、兵种等的分析非常独到。美军就是利用这套系统对前往阿富汗的士兵进行了专门训练。设计人员在这个系统中重现了阿富汗的详细地形，而且这种地图的大小并不是固定不变的，通过电

脑操作可以缩小、放大，使用非常方便。

人类科技是在不断进步的，终有一天，我们将不断走向更广阔的宇宙。人类也会需要更多、更精准的"宇宙地图"。据说美国军方已经开始研制一种宇宙地图，其作图范围覆盖整个银河系。一旦人类的技术能够达到在宇宙中生活的水平，那么这种宇宙地图将会发挥重大的作用。

神秘的摩斯电码

小朋友们可能都知道，当一个人被困在孤岛上需要营救的时候，他可以点燃烟火或者鸣枪求助。如果这两者都没有的话，那么他可以用一些东西在地面上摆出巨大的 SOS 字母，让飞机发现他。SOS 是国际通用的求救信号。可是大家知道吗？这个 SOS 可不是我们经常见到的英语单词缩写，而是国际摩斯电码中"求救"的意思。

摩斯电码是辉煌一时的电码技术。19 世纪 30 年代，美国人塞缪尔·摩尔斯发明了这种制式电码，之后其助手艾尔菲德·维尔对这种电码进行了改进。随后，摩斯电码成为发报机的专属电码。

小朋友们可能没有见过发报机，这是一种古老的东西，它是一种通过敲打来传递一些代表着某种含义的数字符号。在军事领域中，这种电报的使用最为普遍。

但是我们也应该知道，其实所有的电子信息都是通过数字化的电波进行传播的，摩斯电码就是这样一种数字化通信形式。早期的摩斯电码是用"·"和"—"表示的，比如字母"A"在电码

中表示为"一"，字母"B"表示为"一…"。通过这样的方式，将明码转变成密码，然后传递出去。

比如我们要传递"OK"这样一个单词给别人，而"O"的摩斯电码符号是"———"，"K"则是"一·一"，所以"OK"用摩斯电码表示就是"——— 一·一"。密码和明码之间是一种换算关系，就像计算机所采用的是二进制，我们使用的阿拉伯数字所采用的是十进制一样，这些"一"和"·"其实就是另一种数字表示方法。摩斯电码可以说是最早的二进制。

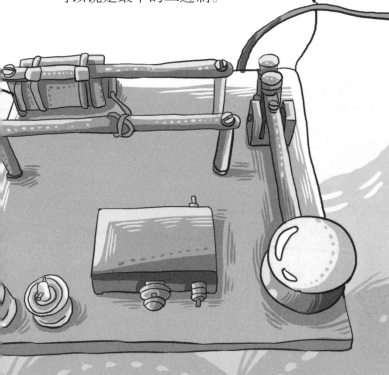

　　在两次世界大战中，摩斯电码被普及推广，盛极一时，为传递作战信息做出了巨大的贡献。当然，由于摩斯电码很容易被敌人截获，所以各个国家都竭尽全力地制作新的密码，比如原先的摩斯电码"·—"表示的是字母"A"，那么更改之后，"A"可能就表示为"——"或者"···"，通过这种方式可以防止敌人破解己方的信息。

　　随着信息技术的不断发展，更新的信息传递方式被发明出来。渐渐地，摩斯电码便失去了原先的重要作用，逐渐退出了历史舞台，电话、网络技术等成为新的信息传递技术的主流，各个国家军队使用摩斯电码的次数也越来越少。

1997 年，法国海军停止使用摩斯电码，他们对外发送了最后一条摩斯电码，内容是："所有人注意，这是我们在永远沉寂之前的最后一声呐喊！"

发明摩斯电码的人

摩斯电码包含了深刻的数学知识，很多人可能会想，这种电码的发明者一定是一位数学家吧？而事实上，摩斯电码的发明者摩尔斯既不是数学家，也不是工程师，他是一位职业画家。据说他在一次旅游中被一个魔术启发，从此开始研究摩斯电码。经过多年研究，他终于成功了，世界上第一台摩斯电码发报机被制造出来，当时发的第一条电码的内容是："上帝制造了何等的奇迹！"

望远镜的军事大作战

　　望远镜是战争中的千里眼，它也被称为"千里镜"，透过它人们能够将远方的事物看得一清二楚，望远镜的发明是人类军事领域里的一项重大进步。很多小朋友可能在小学就已经学习过望远镜的制作原理，可能也购买或使用过一般的民用望远镜。望远镜是一种利用凹透镜和凸透镜的成像原理制造出来的仪器。进入透镜的光线经过折射或者反射后，进入小孔凝聚成像，再经过一个放大的目镜之后射到人的眼睛里，这样人们就能看见远处的事物啦。

　　望远镜的许多参数都涉及数学知识，比如放大倍数、视场角、出瞳直径、分辨率、微光系数等，这些都是要经过计算才能得出的。只有通过计算和调节，才能让使用者更加有效地使用望远镜。

放大倍数通常是通过物镜焦距和目镜焦距来计算的，它是指景物和望远镜的拉近程度。一架放大倍数为 10 倍的望远镜，就表示用望远镜观察 1 000 米处的景物与不用望远镜观察 100 米处的景物是一样的。普通的望远镜通过调节焦距就可以调节放大倍数。

视场角是指使用望远镜观察时视线所能够到达的范围。观察者用望远镜观察 1 000 米处的景物时，

可以获得 126 米的视线范围，通过这种方式可以计算出使用观察其他位置时望远镜能够看到的景物范围。

出瞳直径是用于粗略估计成像亮度的参数。在光线弱的时候，人们裸眼能够看到的事物比较模糊，如果使用望远镜，出瞳直径越大，获得的图像就越清晰。在白天，2.5mm~3.0mm 的出瞳直径就足够看清事物；而天文观测则需要 5mm~7mm 的出瞳直径。一般情况下，望远镜的出瞳直径都不会超过 7mm，这是人类视觉的一个极限。比如 7×50 的望远镜，大多适合在海上使用。需要使用多大的出瞳直径，可以用物镜的直径除以放大的倍率计算。

分辨率也是望远镜常用的一个参数，它指的是屏幕和显示器上图像的精密程度。对一般的光学望远镜而言，分辨率的作用并不大，但是在光电望远镜中，分辨率便显得非常重要了，显示屏上的像素越多，图像就越清晰。分辨率其实就是屏幕上的经线和纬线的交叉点，这些交叉点的数目是可以计算的。

　　黄昏系数是德国的蔡司光学公司发布的一种数据，能够反映出不同口径和放大倍率的望远镜在暗光条件下的观察效能。这个参数可以通过望远镜的倍率和口径的乘积开平方得出。

　　望远镜作为科学的产物，扩大了人类的视野。如果想要发明出更好、更有效的望远工具，就需要我们努力学习，对科学技术进行更深层的探索。

比望远镜看得更远的"千里眼"

　　同样在战争中有"千里眼"之称的还有雷达。雷达是一战和二战期间才逐渐开始使用的。它"看"的距离要比望远镜远很多，因为它是通过电磁波的"回声"来判断目标物距离的；电磁波可以传播到几百千米甚至几千千米的地方，这可是望远镜不能达到的距离。据说雷达的发明创意来自于蝙蝠，蝙蝠能够通过发出超声波辨认方向和抓捕猎物，很多人认为，雷达就是因为人们受到蝙蝠的这种启示而被发明出来的。

军事中的数学建模

小朋友们在生活中可能看到过各种各样的模型，比如积木就是一种模型，聪明的小朋友可以将积木搭建成一间间漂亮的小房子，这个搭建的过程就被称作建模。当然，可不是所有的建模都像搭积木那么简单，很多建模的难度非常大，但是这些模型在军事中是非常有用的，能够利用数学建模的人一般都是专业的工程师、物理学家或者数学家。数学建模的目的是对某种事物的运行形态进行模拟演练，这在军事中也非常重要。

军事的数学建模有时候是很简单的，很多小朋友可能都玩过军棋，其实军棋本身就是一种数学模具。军棋的发明者制定了各种规则，让棋子必须按照一定的方法和套路进攻或者撤退，这种

规则本身就是一种最简单的建模。军棋、象棋和围棋本身就包含了很多军事上的原理。

　　常规的数学建模需要建模的人有较高的数学知识水平，比如要策划一场战争，而打仗需要考虑兵力、补给、地理、气象以及政治等因素，这些也都在建模要考虑的范围之内。相关专家们将各种因素都通过数学方法计算出来，形成可支配的变量，然后通过各种变量的组合，来构架一个数学模型。每支军队里面都会有

很多的参谋，而这些参谋就是建模的高手，很多人甚至不需要进行书面计算和实际操作，就能够在心里面建立起一个战争的数学模型。所谓的"胸中自有雄兵百万"指的就是这种人。

最高端的建模需要大量的数据并进行复杂的计算，数据搜集可以通过各种仪器和情报部门获得，但是计算却是个大麻烦。在计算机出现以后，这个麻烦就逐渐被解决了，利用计算机进行数学建模，对于军事工作人员来说是件既方便又简单的事情。

但是我们也必须明白，军事中的数学建模毕竟只是一种抽象

化的东西，其本身并不能替代战争，而且建模有很多不足。因为战场上的情况变化很快，战机稍纵即逝，如果作战指挥官只是按照预先计算和制作好的数学模型来指挥战斗的话，那必然是要失败的。那些身经百战的指挥官能够真正地把仗打好，除了利用数学建模外，更重要的是对战争走向的正确判断。

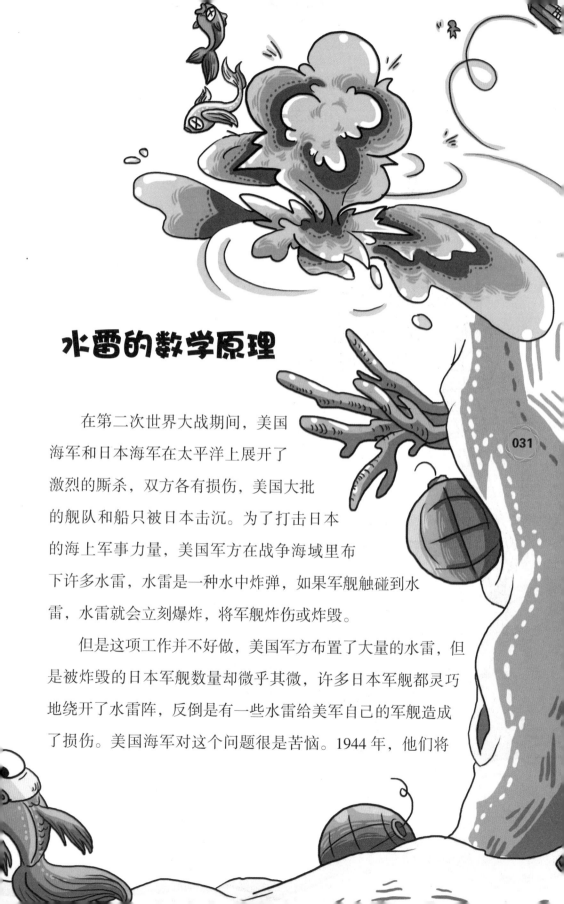

水雷的数学原理

在第二次世界大战期间，美国海军和日本海军在太平洋上展开了激烈的厮杀，双方各有损伤，美国大批的舰队和船只被日本击沉。为了打击日本的海上军事力量，美国军方在战争海域里布下许多水雷，水雷是一种水中炸弹，如果军舰触碰到水雷，水雷就会立刻爆炸，将军舰炸伤或炸毁。

但是这项工作并不好做，美国军方布置了大量的水雷，但是被炸毁的日本军舰数量却微乎其微，许多日本军舰都灵巧地绕开了水雷阵，反倒是有一些水雷给美军自己的军舰造成了损伤。美国海军对这个问题很是苦恼。1944 年，他们将

研究水雷布阵的项目交给了数学家韦弗。

韦弗在刚接到这个项目的时候也很苦恼，因为美国军方对日本海军军舰的航速和转弯能力等重要数据都一无所知。唯一可知的是，美国海军当局拥有许多日本军舰的照片。韦弗带着这些照片去纽约州立大学的应用数学系进行讨论。有人忽然提出：在1887年的时候，数学家凯尔文曾经研究发现，当船只以正常速度前进的时候，激起的水波会沿着船只的前进方向形成一个扇面，船只的边缘到角边缘之间的半

角是 19° 28′ 。这时船只的速度可以通过船只头部的两个波尖顶计算出来。根据这个公式可以算出日本军舰的航速和转弯能力。

这个发现让韦弗惊喜不已，他立刻和同事们开始动手计算，最后终于计算出了日本军舰的正常航行速度和转弯能力。根据这些数据，韦弗和同事们研究出了水雷布阵方法，并画好了水雷布阵图。

　　这项研究成果立刻被送到海军军部，美国海军按照韦弗的水雷布阵图重新进行了水雷布阵，这一次布雷完全是针对日本军舰的性能进行的。布雷完成后不久，就有日本军舰触雷了。这种新的水雷阵让日本舰队的军舰连连遭受损失，日本海军的活动能力也因此受到限制。通过这样不断的消耗，日本海军遭受了重创，一年后，日本宣布无条件投降。

　　布置水雷，看似是一个很简单的战争问题，其实包含着深刻的数学道理。对付什么样的敌人，就应该用什么样的阵法，也正是因为有了数学工作者的努力，才加速了战争的最终胜利。

有用的军事运筹学

在二战中，当美军和日军在太平洋上搏杀的时候，美国人遇到了一个很麻烦的问题：日本人的战斗机和轰炸机技术非常先进，很多时候，日军会忽然出动轰炸机和战斗机，对美国的舰队船只进行轰炸，而且每次轰炸之后飞机就会迅速离开。所以很多时候，美军的舰船都被击毁了，却完全没有还手的机会，等到护卫舰赶来的时候，日本飞机早已不见了踪影，只剩下被烧得仅剩躯壳的舰船在慢慢下沉。

美国军方对此大为头疼，他们紧急调动了一批数学专家计算和分析这种战争局势。这些数学家中的大部分都是军事运筹学家，除了普通的数学计算，他们对军事的运筹都有深厚的功底。

一开始的时候，数学家们计算得出的结果并不尽如人意。美国军方向专家们展示了477个战例，这些战例情况复杂，大多是避开其中一种攻击却会遭受另一种攻击的情况。经过长时间的研究之后，数学家们发现，美国舰船的损失率和军舰摆动的频率有重大的关系。

数学家们经过计算之后发现：当日本飞机采取高空俯冲轰炸的时候，如果美国舰船采取急速摆动的战术来躲避轰炸，损失率在20%左右；采取缓慢摆动的战术来躲避轰炸的时候，损失率高达100%。当日本飞机采取低空俯冲轰炸的时候，美国军舰船只采取急速摆动或缓慢摆动的损失率都是75%。

这是运筹学第一次在军事中大显身手，当数学家们得出这个结论后，对如何将损失率降到最低进行了思考。最后通过几次实验，他们找到了解决办法。当敌机来袭的时候，无论是高空俯冲还是低空俯冲，美国军舰船只都采取急速摆动躲避战术，统一使用这种战术，可以将舰船的损失率从 62% 降低到 27%。

美国军方大为高兴，他们马上通知海军部门采用这一战术，果然，经过实践的战术调整，美军的舰船损失率大大降低了，数学家们受到了海军部的褒奖和感谢。通过这一次实战，军事运筹学逐渐诞生了，数学家们发现：在战争中，绝对不受损伤是不可能的，而数学家和军事学家们都应该研究的课题是如何把这种损伤降到最低。

随着军事运筹学的发展，各个国家的海军对如何应对空袭已经有了更大的把握，军事运筹学的诞生，成为数学和军事相结合的一个典范。

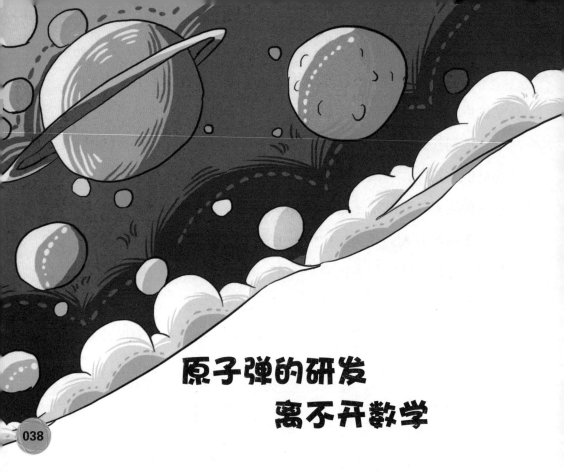

原子弹的研发
离不开数学

1945 年 8 月 6 日和 9 日，美国人在日本的广岛和长崎分别投下了一枚原子弹，两声轰隆巨响之后，两座城市被夷为平地，20 多万人死于非命。由于这两次轰炸，日本再也无力战斗，迅速投降，第二次世界大战很快结束了。

作为一种武器而言，原子弹的毁灭性是无法超越的。而这种威风八面的武器，便是在军事数学化、科学化的基础上发明出来的。

二战期间，美国著名的数学家冯·诺依曼提出和解决了一个高端的数学问题——高阶矩阵求逆问题。他所从事的关于压缩气体运动以及激波问题的研究，开创了激波在相互碰撞、反射方面

研究的先河。诺依曼不仅仅从理论上分析了这些问题，还给出了最佳的计算方案——差分格式和计算格式的数学稳定性条件。

1943年，冯·诺依曼接受了著名科学家奥本海默的邀请，访问了洛斯·阿拉莫斯实验室，随后他加入了原子弹制造项目工程。在这个过程中，他在核爆炸的特征计算、可控热核反应条件和内向爆炸理论等方面都做出了巨大的贡献。

在原子弹研制成功后，美国总统罗斯福接见了研究原子弹项目工程的所有科学家，当他见到冯·诺依曼的时候，他说："先生，您的数学运算是独一无二的，正是有了您和您同伴的数学天赋，才有了我们伟大的胜利。"

根据美国军方后来公布的资料，研究原子弹的"曼哈顿计划"在最多的时候一共调用了53.4万人，一共有1 000多名科学家参与其中，其中数学家将近有300人，整个计划中光是运用到的数学定理和公式就足够写成一部7 000万字的数学巨著。再加上各种工程设计图以及所有与数学有关的资料，写成书的话足以装满一个120平方米的图书馆。

在原子弹研制成功后，许多史学家依然对当时的数学工作者们赞不绝口。正是他们的努力与智慧，才让这种威力巨大的武器面世。在那个没有计算机的时代（历史总是很巧合，因为世界上第一台电子计算机就是在冯·诺依曼的数学理论指导下发明出来的），人们仅凭一些简单的仪器，用大脑进行计算，就完成了那么庞大的工程！

知识链接：了不起的冯·诺依曼

参与研究原子弹计划的冯·诺依曼是一位真正意义上的数学天才，在研究原子弹的项目中他做出了杰出的贡献。除此之外，他还有更杰出的贡献，那就是研发计算机。人类历史上第一台计算机便是在他所提出的理论的基础上研发出来的。不仅如此，现代电子计算机的基础理论也是他一手创立的。在他死后，人们尊敬地将他称为"现代电子计算机之父"。

第二章

战略战术中的数学思想

"撒豆成兵"中的奥秘

在现代军事科学研究中，经常会使用到一种叫作"蒙特·卡罗方法"的数学方法。这种数学方法在军事中的用途极为广泛，通过这种方法可以建立起战斗的概率模型，从而对战争双方的军事实力、政治、地理、经济、气象等因素进行模拟。计算机仿真技术在很大程度上就是运用了这种方法。

所谓的蒙特·卡罗方法也就是统计模拟法，数学家们利用这种方法来估计某个随机事件发生的概率大小，也可以求出这个随机变量的期望值。这种计算方法往往是通过模拟的形式应用于现

代战争的，虽然模拟战争的部分已经交给了计算机去处理，但是我们必须知道的是，计算机只是对一些条件做出必然反应，也就是说，计算机只对输入到电脑中的各种命令有用，所以如何进行统计，还是需要人工进行操作的。

　　蒙特·卡罗方法最简单的一种运用就是找一块空地，然后把一袋豆子洒在这块空地上，撒的时候要注意均匀，然后数数这块空地上有多少颗豆子，这些豆子的数目总和就构成了这块空地的面积。豆子越小，撒得越多，计算结果就越精确。当然，我们首

先要假设这个平面是平坦的，豆子之间也不会出现重叠。通过这种方式，我们可以计算任何一种不规则图形的面积。当然，这种计算结果只是一种无限接近，绝对不可能达到百分之百的精确。

在撒豆子的过程中产生了一种分布的概率。1998 年，有位美国学者对这个问题进行了研究，他发现在一个不规则图形上撒下的豆子是有一种规律性的，通过对这种规律性的探索，我们可以解决一些数学上的随机变量问题。

蒙特·卡罗方法的计算有点类似于圆周率的

计算，圆周率取值越精确，我们计算得出的面积就越接近于圆的真实面积，但是二者有一些区别——蒙特·卡罗方法很讲究计算中的随机性。延伸到战争中，我们可以这么看，比如我们要向一个国家出兵，那么出兵的这种行为可能会给该国带来怎样的政治反应以及军事反应呢？这是可以通过计算得出来的。

很多小朋友可能不知道，随机概率的计算对现代信息技术的发展有着重大意义。曾经有科学家认为，如果让计算机中的代码随机排列，迟早有一天，计算机就会演化成一种"灵魂"，它们

就能独立思考。当然，出现这种情况的概率是很小的，而且以今天的计算机技术，也不可能达到那样的程度，但是这告诉我们一个道理：随着科技的进步，通过随机概率发生的事情会越来越复杂。

046

什么是"兵贵神速"？

中国有个成语叫"兵贵神速"，意思是说，用兵贵在行动特别迅速。用兵迅速，就可以快速占领制高点，迅速打败敌人，古今中外的军事家们都知道这个道理。在第二次世界大战中，德国人创造出了"闪电战"——一种讲究速度的战斗方式。正是因为利用了这种战术，德国人仅用35天时间就攻占了波兰，而且德军的伤亡非常小。速度，能够决定战争的胜败，

在现代战争中更是如此。

　　小朋友们可能会认为：只要军队强大，打仗厉害，就可以打败敌人。其实这个想法是错误的，战场上的情况瞬息万变，随时都可能有突发情况，所以速度对战场上的胜败有着巨大的影响。如果能够取得速度上的优势，那么打败敌人的胜算就能增加许多。历史上的很多名将都是利用速度的优势打败了敌人。古罗马时期的迦太基名将汉尼拔曾经孤军深入，这支急行军在罗马人毫无防备的情况下侵入罗马，获得了巨大的胜利。这说明汉尼拔对

于战争速度的把握是相当准确的。

"兵贵神速"可以体现在很多地方。首先是行军速度，军队的行军速度很重要，比如两国交战，一个国家的行军速度比较快，就可以在对方到达之前预先到达战场进行设伏，然后给对方致命一击。作战速度也非常重要，聪明的将领在打仗的时候都会用多兵种配合，实施奇袭、快袭、偷袭等方式打击敌人，迅速瓦解对方的士气，削弱敌人实力。

在现代战争中，速度是一个重要的影响因素。迅速获得敌人的情报和信息，快速做出战斗反应，并迅速下达作战指令，快速结束战斗，这就是现代战争的主要特征之一。特别是局部战争出现以后，各个国家都建立起了特种部队，特种部队的任务就是实施快速打击，让敌人在瞬间瘫痪，迅速达成战略目标。

如何才能实现军事上的快速打击呢？比如行军，我们都知道，装甲兵因为有装甲车辆，所以行军速度比较快，步兵的行军速度则比较慢。为了弥补这种速度差，现代战争中的步兵都配备了专门的搭载车辆——步战车，这是提高速度最好的办法。

战争的速度有时并不是越快越好，最为符合战争利益的速度才是最佳速度。这种速度是怎么确定的呢？这就需要作战指挥官、参谋等决策人员都要精通数学计算，通过精确的评估和预测，计算出最佳的战争速度，以最小的代价，取得最大的胜利。

数学是
战争的关键因素

小朋友们可能听说过"战术"这个词，可是你们知道这个词是什么意思吗？浅显地说，战术就是指导和进行战斗的方法。从严格意义上来说，战术包括战斗基本原则、协同动作、

051

战斗指挥、兵力部署、战斗行动和各种保障措施等。此外，根据战斗类型、参战军兵种和战斗规模的不同，战术又可以分为很多种。

有人说："数学是战术的决定者。"这句话的意思就是说，进行战术指挥，指挥官需要有丰富的数学知识。有些小朋友可能会觉得奇怪，像三国时期的张飞、关羽他们那样的人打仗怎么没有这么多麻烦呢？带着士兵向前冲就是了，还要学什么数学吗？

就这个问题，我们可以进行一番探讨。首先，很多人在影视作品和文学作品中所看到的战争都只是一些片段，好像就是大将军一发话，下面的人就去执行这么简单，其实并非如此。一支完整的军队包括战斗部队、支援部队、后勤保障部队等很多部分。无论在古

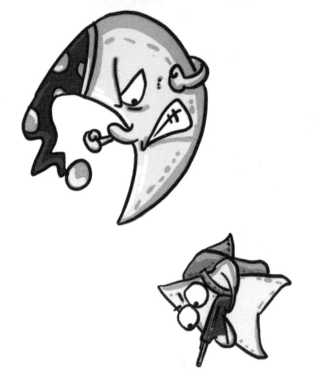

代还是现代，在指挥官的周围都有一群作战参谋，这些人才是对战争起主导作用的。而这些人，一般都有很强的协调能力和数学计算能力。

我们可以这么想，打仗的士兵都是要吃饭的，受伤了需要医治，生病了需要照顾。那么一次作战要带多少粮食和药品？需要多少军医和粮草运输人员？这些必须都要经过精确的计算。如果带着大堆的粮草赶路，那可能会耽误作战时间，带少了又会让士兵挨饿。

战争中，某个区域需要多少人？一共要投入多少人？怎么快速到达战场？怎么选择行军路线？这些都是很重要的问题，这就是一次复杂的数学计算。而且战争中的形势变化极快，要是指挥官没有

良好的计算能力和战场判断能力，不能快速做出反应，很可能就会导致战争的失败。

中国自古就有行军作战的"三十六计"，如果能将这些计谋合理使用，是能够打好仗的。但是怎么在战争中使用这些计谋呢？使用了计谋就一定能胜利吗？譬如去偷袭敌人的营地，需要派出多少人的队伍，队伍由什么人组成，怎么保证偷袭成功，怎样保证全身而退？这些可都是大有学问的。作为实施战术的基本环节，这些问题都是要通过数学计算来解决的。

由此看来，"数学是战术的决定者"是有一定的道理的。当然，这并不意味着懂数学就能解决一切问题，数学家未必能够成为一个好的指挥官。作战指挥官需要有坚实的军事理论基础和丰富的作战经验，还要懂得数学，这才是取胜的关键。

什么是"运筹帷幄"？

在中国的汉朝，汉高祖刘邦谈起军师张良的军事才能时赞叹说："夫运筹策帷帐之中，决胜于千里之外，吾不如子房。"从此以后，"运筹帷幄之中，决胜千里之外"成了军人们追求的至高境界。那么怎样才能做到这一点呢？

首先，战争的指挥者要对战场情况、双方军力对比有清楚的了解和认识，对军队的战斗能力、可能发生的种种情况都要具有一定的预测能力。比如说唐朝时的名将李靖对军队就非常了解。有一次，唐太宗派李靖出去打仗，在出征前询问他对军队的了解情况。李靖侃侃而谈，甚至连出征需要带多少粮草，需要消耗多

少支弓箭都一清二楚。唐太宗感到十分惊讶，等到战争结束，李靖班师回朝，唐太宗让军需官呈上军情报告一看，竟和李靖之前所说丝毫不差。

其次，指挥官对军队调动的计算以及战斗能力的评估要相当准确，对敌人的军事部署要有大致的了解，这就需要指挥官调动大量的参谋、斥候（也指侦察敌情的士兵）进行情报侦察和分析。指挥官不亲临战场，但是要打胜仗，这可是需要高超的指挥技巧的。指挥官对军队的所有调动、部署和规划都要非常精确，一个失误很可能就会导致灾难的发生。中国著名的军事家孙武在《孙子兵法》中提出的"知己知彼，百战不殆"，就是要求指挥官对战局要有充分的把握。

被占领

进入近现代以后，战争已经开始向信息化转变，军队的各种数据、战场变化都会得到及时记录，对敌军情况的探查也可以通过电子计算机、卫星和各种仪器完成，作战指挥官的压力大大减轻，但是也正因为如此，作战指挥官面临着更多需要思考的问题。对作战条件的运用和计算是十分复杂的，如何同时运用多个作战条件和现有情报进行最完美的作战，这是所有现代战争指挥官面临的重要问题。

决胜千里之外！
多么令人向往的一句话，
但是这句话也是在考验作战指挥

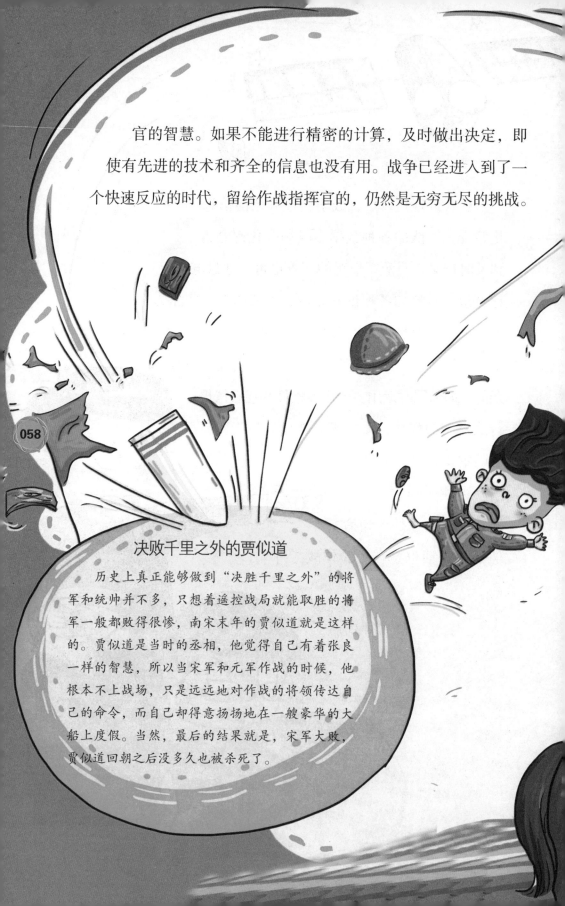

官的智慧。如果不能进行精密的计算，及时做出决定，即使有先进的技术和齐全的信息也没有用。战争已经进入到了一个快速反应的时代，留给作战指挥官的，仍然是无穷无尽的挑战。

决败千里之外的贾似道

　　历史上真正能够做到"决胜千里之外"的将军和统帅并不多，只想着遥控战局就能取胜的将军一般都败得很惨，南宋末年的贾似道就是这样的。贾似道是当时的丞相，他觉得自己有着张良一样的智慧，所以当宋军和元军作战的时候，他根本不上战场，只是远远地对作战的将领传达自己的命令，而自己却得意扬扬地在一艘豪华的大船上度假。当然，最后的结果就是，宋军大败，贾似道回朝之后没多久也被杀死了。

"田忌赛马"的军事思想

在小学语文课本中，有一个"田忌赛马"的故事，这个故事的大意是这样的：著名的军事家孙膑到了齐国，齐国的将军田忌很赏识他，把他敬为上宾。田忌经常和齐国的贵族们赛马。赛马一般赛三次，马匹分为上、中、下三等。于是孙膑告诉田忌说："您尽管下注，我一定会让您获胜的。"田忌答应了他。在与齐王等人的比赛中，田忌按照孙膑的计谋，用下等马对齐王等人的上等马，用上等马对付他们的中等马，用中等马对付他们的下等马。用了这个计策，田忌打败了齐王，赢得了胜利。

这是中国军事史上一个很著名的战略故事，孙膑的计策其实很简单，用最小的代价获取最大的胜利。可能很多人都不知道，这个故事对中国的军事影响极为巨大，这个故事启发了一代又一代的军事家，成为军事史上的一个经典案例。

这个故事中也包含了深刻的数学原理。这个原理说起来很简单，其实就是在数字的大小比较的过程中，用最小数与最大数进行比较，获取中间数的最大化。这种情况在数列中是经常出现的。通过计算，我们能够得出最佳方案。

在围棋中有一个说法，叫"宁失一子，莫失一先"，

围棋以对战双方最后剩子的多少来决定胜负，所以抢得先手的人就能率先布下棋子，率先下子的人，往往会先有一些棋子被对方吃掉，但是就是这种牺牲，反而能换来更大的优势。其实这就是田忌赛马的道理，用最小的损失换取最大的胜利。

曾经有一位美国数学家发现了一个数学规律：当一些数字自动排在一起，然后进行">"自动排列的时候，这些数字之间可以形成很多种排列方式。我们已经习惯了 9>8>7>6>5>4>3>2>1 的大小排列，但是往往忽略了排列被打乱了之后的大小关系。

如果我们把这种关系延伸到军事当中，那就是局部的军事力量和全部的军事力量的对比，或者局部的胜利和全局的胜利之间的对比，通过这种对比，就可以发现敌人的弱点，通过这种"田忌赛马"的方式取得最终的胜利。

可怜的孙膑

帮助田忌赢得赛马的孙膑其实是很可怜的一个人，他和庞涓曾经都是兵法大师鬼谷子的弟子。孙膑的能力比师弟庞涓更强。后来庞涓先下山投奔了魏国，做了大将。孙膑在几年后也下山去找庞涓，因为他的能力比庞涓更优秀，庞涓生怕这位师兄超过自己，于是设计陷害孙膑，导致孙膑的两个膝盖骨都被挖掉了，再也不能走路。然而吉人自有天相，孙膑在齐国人的帮助下逃离了师弟的魔掌。最终他带领齐国军队杀死了庞涓。

八卦阵的
数学故事

　　小朋友们，相信你们一定看过小说《三国演义》或者由它所改编的电视剧吧？在这本书中诸葛亮摆下八卦阵，让东吴大将陆逊差点葬身其中，这可是一

个经典的军事故事。不过故事和事实之间总是有一定差距的，八卦阵未必有传说中的那么神奇，诸葛亮要是真的那么厉害，他早就统一三国了。

但是阵法是真的存在吗？答案是肯定的。中国古代真的有各种各样的阵法，而且这些阵法都运用了一些数学原理，指挥官需

要通过计算来指挥军队摆出阵型，以在作战中减少军队伤亡人数和达到迅速获胜的目的，那么这些阵法究竟是怎么运作的呢？其中究竟蕴含着什么数学原理？让我们来一探究竟吧。

阵法其实是一些数的排列，古人打仗是将骑兵、步兵混合使用的，这两种兵种可以起到相互补充的作用。比如3个骑兵为一组，身边跟着9个步兵，12个人形成一个团队，3个骑兵负责冲锋，而后面9个步兵负责清理受伤的敌人。这样就形成了一个有力的战斗团队。这种3+9的战斗团队是阵法中经常使用的。在一个阵法中，这样的战斗团队一共有12个，它们组成了一个规则的图形，可以相互支援，中心则是指挥官，指挥官利用声音或者令旗传达战斗指令。

冲阵是古代经常使用的阵法，两边是步兵，中间是骑兵，骑

兵负责冲锋，步兵负责护卫骑兵。战斗开始后，骑兵率先冲锋杀敌，这样整个阵型就形成一个三角形，能很快撕裂对手的阵型。一般这种阵法的步兵和骑兵比例是 6：1，一旦骑兵被围攻，旁边的步兵可以马上解围，通过这种配合，就能有效地击溃敌人。

那么在这个过程中，指挥者需要进行怎样的计算呢？比如使用冲阵阵法，左侧步兵、骑兵、右侧步兵之间的比例是 3：1：3。若这个时候，左侧的敌人是右侧的 1.5 倍，那么指挥官就会立刻将中间和右侧的兵力向左移，按照每次移动增加 0.5 的比例进行兵力调度，这样就可以阻挡住敌人，实施有效的进攻。

所以说，阵法主要运用的就是几何图形的对等距离关系及其运算关系。阵法是中国古代军事中的重要发明。学习中国古代历史，了解古人的排兵布阵，是一件多么有趣又有益的事情呀。

伤不起的战争损耗率

打一场仗会损失多少人力、物力、财力？很多人都以为，打赢了战争的一方是没有什么损耗可言的，事实真的是这样的吗？有人曾经提出了一个战争损耗率的方程：战争损耗率＝战争中使用的人力、物力、财力／战争后剩下的人力、物力、财力。

第二次世界大战是人类历史上规模最大的战争，这次大战使得人类遭受了空前的灾难。战火燃遍全世界，参战国家达60多个，作战面积达2 200万平方千米。在抗击德、意、日法西斯的

过程中，中国打了 14 年，英国打了 6 年，苏联打了 4 年零 2 个月，美国打了 3 年零 9 个月。双方调动了将近 9 000 万人的军队。战争中军民伤亡人数高达 9 000 多万，仅中国就伤亡 3 500 万人。死者中一半以上都是无辜的平民。

　　除了人员的损失，二战中的直接军费开支高达 11 170 亿美元，参战国家损失的物资达 40 000 亿美元以上，数不清的人类文化珍品在这次战争中被毁掉，无数的文化遗产化为灰烬。上千万吨炸药、炮弹在地球上爆炸，对环境造成了巨大的破坏。

　　看了这些数据，小朋友们应该已经知道，战争的损耗是多么巨大了吧。战争损耗率是一个可怕的词，它代表的就是无尽的人力、物力和财力的消耗。曾经有位伟人说过："战争从来没有胜利者。"任何一场战争的结局都是两败俱伤。二战中打败了法西斯的同盟国大多都出现了经济倒退，人民饥寒交迫，又经过几十年的努力才回到了战前的水平。

　　喜欢看中国历史的小朋友可能知道，汉武帝面对匈奴的不断进犯，悍然出兵北方，战争一共打了 46 年。46 年之后，原先"文景之治"留下的强盛国家变得一穷二白。尽管每个中国人都会认为这场战争汉朝打赢了，但是看看这样的结局，汉朝真的赢了吗？

　　人类永远避免不了战争，但是我们还是应该想方设法去避免

战争的发生，这是每一个热爱和平的人都应该做的事情。每一场
战争的损耗率都告诉我们：战争就是一个无底洞。珍爱和平并不
需要多么高尚的道德和多么圣洁的情操，只要每个人想一想战争
所带来的损耗，我们就能够明白这个道理。

第三章
军事术语中的数学计算

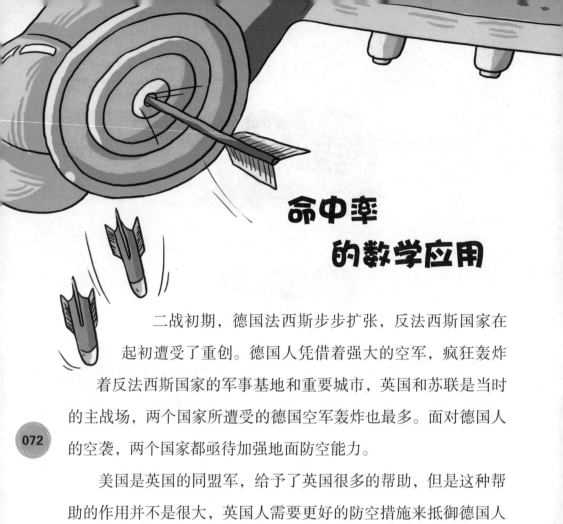

命中率的数学应用

二战初期，德国法西斯步步扩张，反法西斯国家在起初遭受了重创。德国人凭借着强大的空军，疯狂轰炸着反法西斯国家的军事基地和重要城市，英国和苏联是当时的主战场，两个国家所遭受的德国空军轰炸也最多。面对德国人的空袭，两个国家都亟待加强地面防空能力。

美国是英国的同盟军，给予了英国很多的帮助，但是这种帮助的作用并不是很大，英国人需要更好的防空措施来抵御德国人的轰炸。也就在这时，美国人维纳和苏联人柯尔莫哥洛夫都着手研究起防御轰炸的技术来。

维纳发现，防空炮火之所以不能发挥作用，是因为缺乏有效的控制，而且雷达噪声也给搜索德军飞机带来了很大的麻烦。1942年2月，维纳首先提出了以时间序列来推知未来的维纳滤波公式，并逐渐建立起了维纳滤波理论。他的这项工作为设计自动防空炮火等方面的预测问题提供了重要的理论依据，他将通讯和控制系统集合在一起，从理论上为加工信息的效率和质量提升开辟了一条新的途径。

维纳的工作对自动化技术科学有着重大的影响，此后，美国和英国依据他的理论，采取了更优良的防空措施，德国飞机对英国的轰炸效率也因此大大降低。维纳的滤波理论也成为后来的控制论的起源。

而柯尔莫哥洛夫则从德军战机轰炸的概率和随机性入手。经过研究，他逐渐建起了一套完整的理论系统，这套理论系统就是根据德军的轰炸概率和随机性进行防空力量的调整，这使得苏联的防空实力大增。而柯尔莫哥洛夫的这个理论后来演化成了更为精妙的概率论，为后世的数学研究做出了巨大的贡献。

维纳和柯尔莫哥洛夫都是当时著名的数学家，而

他们的研究却都是从军事入手的。到了最后，他们不仅仅解决了军事上的问题，更为后世数学的发展开创了新的道路。维纳给军方提供了准确的数学模型用以指挥防空火炮，使得火炮的命中率大大提高；而柯尔莫哥洛夫的理论则让苏联人把握了德国人的轰炸规律，得以更精确、更有把握地进行防御。

改进后的炮火

在维纳的理论出现后，英国军队的炮火打击能力变得更强了。1942年，英国的第八军团在蒙哥马利元帅的指挥下对法西斯德国的非洲军团开战了。在这次战役中，英军利用调试后的大炮狂轰德军阵地，命中率极高，几万门大炮轰炸了1个月，让德国军队损失惨重，最后不得不撤出阿拉曼地区。

军队编制的数学学问

　　小朋友们可能对军事知识都有一定的了解，也一定知道军队里面有军、师、旅、团、连等多种级别。甚至还有很多小朋友想过长大以后当将军。但是，小朋友们知道吗？这些所谓的军、师、旅、团、连就是军队的编制，每一个编制，都代表着一定数量的军人和武器装备。

　　具有一定军事常识的小朋友都知道，军长比师长大，师长比团长大，团长比连长大。那么在不同级别背后，相应的编制又是怎么样的呢？一个军有多少人？一个师、一个团、一个连又有多

少人？这些数量是通过怎样的方式规定下来的呢？

现代军队中，正规的编制分为师、团、营、连、排等五个编制，这是全世界都通用的编制，而军、旅、班则视具体情况而定。军是最高一级的军事编制，现在的军一般都是集团军，而每个集团军的大小都是视地方军力而定的，并不固定。旅也是一个特殊的战斗单位，并不是所有军队中都有旅的编制。

师、团、营、连、排的编制也不是固定的。比如现代军队

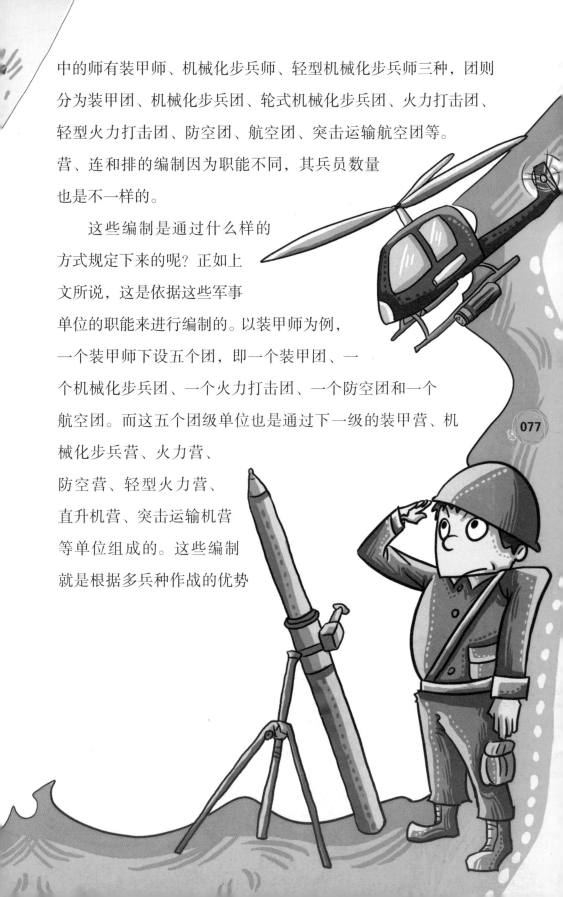

中的师有装甲师、机械化步兵师、轻型机械化步兵师三种，团则分为装甲团、机械化步兵团、轮式机械化步兵团、火力打击团、轻型火力打击团、防空团、航空团、突击运输航空团等。营、连和排的编制因为职能不同，其兵员数量也是不一样的。

这些编制是通过什么样的方式规定下来的呢？正如上文所说，这是依据这些军事单位的职能来进行编制的。以装甲师为例，一个装甲师下设五个团，即一个装甲团、一个机械化步兵团、一个火力打击团、一个防空团和一个航空团。而这五个团级单位也是通过下一级的装甲营、机械化步兵营、火力营、防空营、轻型火力营、直升机营、突击运输机营等单位组成的。这些编制就是根据多兵种作战的优势来制定的。

　　20世纪以后的战争是一种全方位战争，对各兵种的配合要求极为严格，通过各级别的层层指挥来达到最优的战斗效果。这些组织、编制和配合方式都是经过精密的数学运算来确定的。比如在一场平原战争中，必须出动一个装甲师，如果仅仅有坦克，那是绝对不够的，除了坦克，还要有飞机、大炮、直升机和步兵的集体配合，才能给予敌人全方位的打击。

　　战争是一种立体行为，立体战争中，对军人们的数学计算能力要求极高，小小的军队编制中都有很大的数学学问。喜欢军事的小朋友们可要好好学习数学了！

军队数量越多越好吗？

军队是维护一个国家安全的重要保证，有了强大的军事力量，才能保证这个国家不受外敌的侵略，这是千百年来不变的真理。那么，军队的数量是不是越多越好呢？怎样才能保证军队保持最强的战斗力？这是所有军事家和政治家们一直在探索的问题。

军队的消耗非常大，因为军队不参与生产，所以如果军队数量太多，就会影响到整个国家的发展。第二次世界大战是人类有史以来规模最大的一场战争，60多个国家被卷入到这场战争中来，美国和苏联也在这场战争中崛起，成为世界超级大国。

战争中投入的军事力量非常大，世界各国在战后依旧保留了庞大的军队数量。二战结束

时，美国拥有正规军 1 100 万人，苏联的军力也达到了 1 100 万人之多。但是随着和平时代的到来，战争已经逐渐远去，庞大的军队开支使得两国经济不堪重负，于是两国都加大了裁撤军队的力度。

70 多年过去了，美国军队经过大量裁撤，如今只剩下 130 万人的正规军。苏联在 1991 年解体，俄罗斯联邦成为独立国家，现在的俄罗斯军队大约有 110 万人。

中国古代的兵书《司马法》中有这样一句话："国虽大，好战必亡。"这句话的意思是说，如果军队数量过于庞大，国家就需要支出大量钱物来支持军队建设，就会导致国家变穷。许多历史学家认为，苏联之所以解体，一个很重要的原因就是军队数量过于庞大，导致国家经济无法承受。

进入现代社会以后，军队人数不再是决定战争胜负的主要因素，科技在军事中的作用越来越大。美国现在的军队人数并不是世界上最多的，但却是世界上最强大的，因为美国军队有着强大的科技支持。

各个国家的军队数量在各国人口总数量中的占比是不一样

的，美国人口约3.21亿，军队人数有130万人，平均247个人就要养活1个军人；中国人口有13.7亿左右，军队人数约230万，平均每590个人养活1个军人。

于是有些人就说，中国军队人数太少了，按照美国军队人数占总人口的比例，我们的军队应该到500万人左右。其实按照比例来推算军队人数的办法并不完全正确，除了总人口，还要看一个国家的经济实力和综合国力，这些都是非常重要的。

军队人数太少，就不能保证国家安全，而军队人数太多的话，则会给国家的经济造成负担，所以军队人数的控制是一件非常不容易的事情。

"百万雄师"是怎么回事？

小朋友们如果喜欢读历史书籍，就可能会发现这样一些奇怪的现象：古人作战的军队数字，动不动就是30万、50万、80万，杀敌数量也是一样的，动不动就会出现杀敌几十万的例子。这些数据看着非常惊人，但是史学家们经过分析考据，发现这些数字很大程度上都被夸大了。

在中国著名的长平战役中，赵国出动军队 40

多万，最后这 40 多万人因为"纸上谈兵"的赵括指挥不利，战争失败，40 多万士兵被俘或被坑杀。40 多万人的军队就是 40 多万的青壮年。史学家们经过考证后发现，当时的赵国人口在 250 万左右，因为战争不断，男丁数量在 100 万左右，因此真正能够服役的人，绝对不可能超过 20 万。如果真的有 40 万人的军队，估计不用一年时间，赵国就会因为巨大的军事消耗而亡国了。

在三国时期著名的赤壁之战中，历史记载曹操带 20 万大军南下，最后被刘备和孙权以不足 5 万人的小部队打败，其实这也是被当时的军事家和后世的史学家们夸大的。当时曹操刚刚打败袁绍，算上各种残兵败将，军队人数总共不会超过 30 万，留一部分守家，能够带十五六万人参战已经是很不错了。5 万人杀 20 万人，平均每个孙刘联军的士兵要对付 4 个曹兵，仔细想想就知道这是不可能的。

这样夸大军队数量的事情在中国历史上并不少见，探究其原因，主要是当时的统治需要。统治者要安定民心，震慑敌人，最好的办法就是夸大自己的军事实力，这是中国的军事家和政治家们惯用的手段。在离我们最近的清朝，乾隆、嘉庆时期的总兵力达 70 万人，加上各种准军事力量有 120 万人左右，这已经是封建王朝时期军队最多的朝代了。

军队物资消耗的计算

　　在第二次世界大战期间，很多国家都投入了大量的兵力参战，伴随着大量人员伤亡的是严重的军备消耗。士兵每天的衣食住行的花费就是一笔巨大的开支；坦克、大炮、装甲车、飞机、船只等每天都要消耗大量的燃油；打出去的炮弹和子弹，军械的维修，受伤人员的医疗和死亡人员的家属抚慰金……大量的消耗让各国都顶不住了。战争是最为消耗资源的一种人类行为，如果不想出一种办法节省资源，国家会被拖垮的。

当时的美国军方把减少物资消耗这个研究课题交给了哥伦比亚大学的统计研究小组。这是一个由数学家组成的小组，他们通过各种数学研究，专门帮助军队解决各种问题。当时研究小组的领导人叫瓦尔德，他是罗马尼亚人，因为战争爆发才来到美国继续他的研究事业。

刚开始的时候，进展并不顺利，而渐渐地，瓦尔德发现了一些现象，他发现传统的统计抽样试验需要很多步骤，而每一个步骤取得的数据都只和最后的结果有关系，但是每一个步骤之间却没有任何关系。军队对军备的供应采用的就是这种统计抽样方式。在这种方式下，大量的人力物力都被消耗了，而且经常出现统计错误，造成军备拨发时厚此薄彼的情况，对于总的军备消耗也没有办法完全统计。

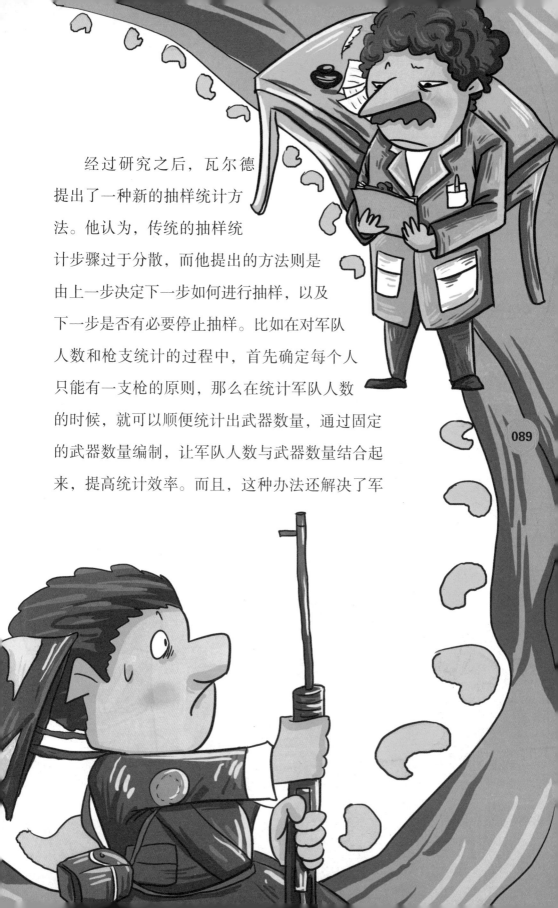

经过研究之后，瓦尔德提出了一种新的抽样统计方法。他认为，传统的抽样统计步骤过于分散，而他提出的方法则是由上一步决定下一步如何进行抽样，以及下一步是否有必要停止抽样。比如在对军队人数和枪支统计的过程中，首先确定每个人只能有一支枪的原则，那么在统计军队人数的时候，就可以顺便统计出武器数量，通过固定的武器数量编制，让军队人数与武器数量结合起来，提高统计效率。而且，这种办法还解决了军队内部装备配备混乱的问题。这种统计抽样的办法现在被称为"序贯分析法"。

瓦尔德的这项研究成果一经发表，就立刻被美国军方采用了。经过一番整改之后，军队编制有了改善，美国军方也节省了大批的军火物资。仅仅这一项研究成果的使用，就使得美国每年减少了 15% 的军备投入。

军事与数学是密不可分的。很多人可能觉得，手无缚鸡之力的数学家能够做什么呢？可是这个案例告诉我们，数学家在军事中所发挥的作用是多么巨大呀！

精密计算下的毁伤概率

毁伤概率是军事计算中经常使用的一个名词，它是导弹击伤目标的可能性大小的一种测量方式。毁伤概率的大小取决于命中概率和被击中目标的易损性，是一个专业的军事术语。

在军事行动中，毁伤概率的计算是非常必要的。一场战争结束之后，己方人员武器损失多少，打败敌人之后获得俘虏有多少，武器粮草有多少，这些计算对战争而言具有重要的价值。通过毁伤概率的计算，可以得知打这场战争是值得还是不值得，怎样打才能更加有效。

毁伤概率是评定导弹系统效能的一个重要指标。在 1991 年的海湾战争

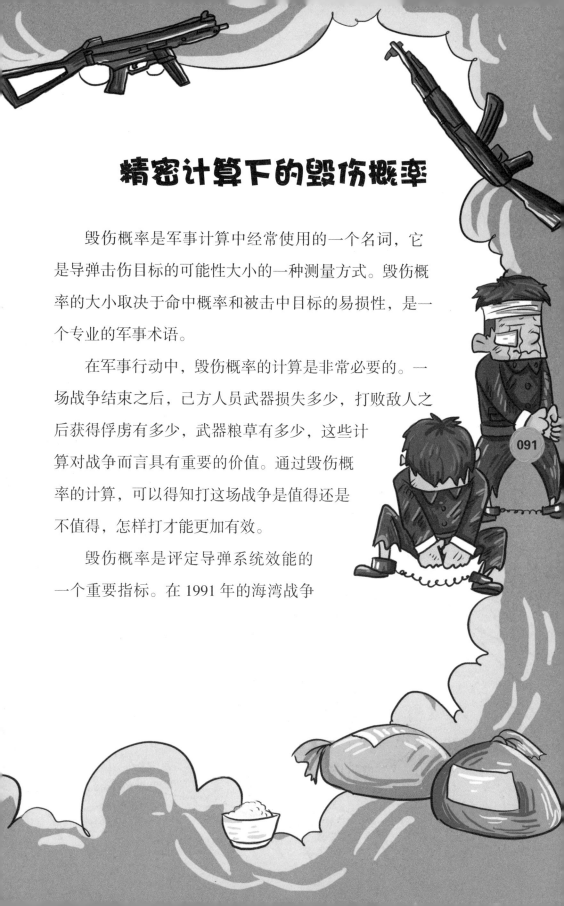

091

中，美国人投放了 288 枚战斧导弹。在这次战争中，战斧导弹充分发挥了其巨大的威力。最为重要的是，美国人对这种导弹造成的毁伤概率进行了精密的计算，并对导弹不足的地方进行了改进。在这之后，美国人又多次利用战斧导弹执行作战任务，战斧导弹的打击能力和杀伤能力都有了长足进步。

1945 年，美国人在广岛、长崎投放了两枚原子弹。在这

两枚原子弹的轰炸下，两座大城市化为废墟。这次轰炸震惊世界，也让原子弹研究者们心生恐惧，研究者们思考得最多的问题就是如何控制原子弹的威力。战后，美国科学家对投放在广岛和长崎的原子弹的毁伤概率进行计算，发现得出的数值惊人地可怕。而且，之前设计的不合理导致在投放过程中出现了很多失误，于是科学家们对收集的数据进行计算和优化，设计出了新的原子弹。

有些科学家认为，毁伤概率其实是一个悖论，因为不管多精密的武器都会导致巨大的伤亡或者损失，关于这种概率的计算，并没有太大的意义。计算毁伤概率，倒不如去反对战争，

让这个可怕的概率完全消失。这个想法本身是没有错的，但是毁伤概率是反映所投放的炸弹、导弹等造成的毁伤情况的关键参数，这不仅仅在军事中具有重要作用，而且在工程爆破、修建公路与铁路、打隧道等工程中都有巨大的作用和价值。

热爱和平的人们都不喜欢战争，但是我们无法忽视战争对我们的生活所造成的巨大影响。毁伤概率虽然是一个纯粹的军事科学概念，却能在多方面起到重要的作用。研究战争，研究战争的艺术，目的还是维护和平。

数学当先的"星球大战计划"

　　光是看题目，可能有的小朋友会想：星球大战？难道是美国人拍出的那部科幻片吗？那可都是在科幻小说里才有的东西呀！但是小朋友们可能不知道，在人类的历史上，还真的存在过"星球大战计划"这样一件事情。

　　1985年1月4日，美国政府宣布要实施一项计划，这项计划

叫作"反弹道导弹防御系统的战略防御计划"。简而言之，这个计划就是利用各种手段攻击敌人在外太空的洲际导弹和航天器，以防止所有敌对国家对美国及其盟国发动核攻击。

这个计划提出的主要原因是冷战以后苏联的核武器数量逐渐超过了美国，美国害怕"核平衡"的世界局势被打破，所以要建立一个有效的反导弹系统，来保证国家的安全，保证其超级大国的优势。同时，美国也想凭借自己强大的军事实力，通过这种太空武器发展的竞争，将苏联的经济拖垮。

这个计划极为宏大，是人类历史上从未有过的。而且，这是人类对太空的又一次延伸，美国人在这个时期制造了大量的反导导弹、动能武器和粒子束武器，建立了一张强大的"天网"，确保对任何来袭的导弹都给予99%的摧毁。

在这项计划当中，数学发挥了极为重要的作用。美国及其盟国投入了大量的人力、物力完成这个计划，其中数学家们发挥的作用是不可估量的。尽管已经有了先进的电子计算机，但是很多理论问题和实践问题都必须通过人脑来解决。数学家们对环绕地球的各种卫星轨道进行了重新定位和计算，他们规划出了最好的反导系统的建设图景，同时通过对各种武器数据进行分析，对美国的军事力量进行

了再一次的升级。

数学家们还活跃于这个计划的外围，许许多多以前没有被攻克的数学难题随着这次计划的实施而被逐一攻克，人类对外太空的探索和对科学的认识都有了进一步的提高。这项工程耗费极大，然而精明的数学家们与美国的经济学家们相互配合，对这项计划能够带来的经济效益做了预估，美国政府开放了大量的军事领域让民间进行操作，从而促进了经济的发展。同时通过这样一项巨大的计划，带动了一大批高新技术企业的发展，巩固了美国世界超级大国的地位。

20 世纪 90 年代，苏联解体，美国达到了目的，于是终止了这项计划。

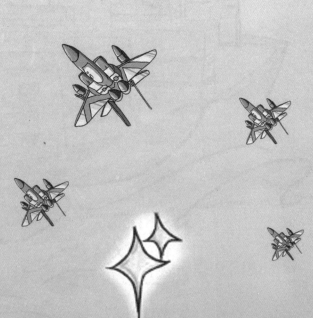

数字海湾战争

  战争随时都会发生，哪怕是在和平时期也是一样的。1991年，以美国为首的多国联盟在联合国安理会的授权下在伊拉克占领的科威特进行了一场战争。在这场战争中，多国部队对科威特境内的伊拉克部队进行了 43 天的空袭，在伊拉克、科威特和沙

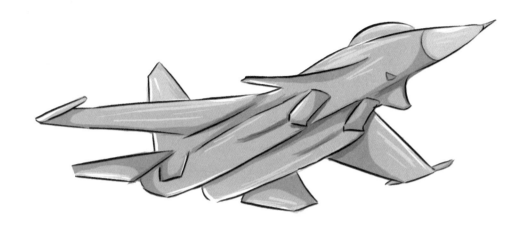

特阿拉伯的边境上展开了将近 100 个小时的陆地战争，最终多国部队以极小的代价取得了胜利，伊拉克被迫撤出了科威特。

这是一场数字化的战争，从 1991 年 1 月 17 日开始，美国空军对伊拉克军队实施了空袭，这 43 天的空袭堪称一场灾难性的打击，等到实施地面打击的时候，科威特战区的伊拉克军队已经损失了 25%，重装备损失达到 30%~45%。美国每天派出 2 000~3 000 架次飞机同时进行轰炸进攻，还有大批的 F-14、F-15 战机进行掩护。

在这次战争中，美国一共动用了 12 类 50 多颗军用和商用卫星，构建起了一个巨大的战略侦察网，为多国部队提供了将近 70% 的战略情报。多国部队一共集结了 2 790 架现代化的固定翼飞机以及 1 700 多架旋翼飞机，其中还包括 600 多架攻击直升机。此外，还有将近 6 500 辆坦克和数不胜数的自行火炮、火箭发射车以及各种工程技术保障车。

在当时，多国部队的地面军事力量并不占优势，军队数量只有伊拉克部队的一半，火炮数量只有伊拉克的一半，坦克数量基本相等，但是多国部队的现代化装备数量庞大，新式飞机和攻击直升机的数量超出伊拉克的十几倍，并且拥有大量的精确制导武器。在整个战争过程中，多国部队对伊拉克投下了将近万吨的弹药，虽然精确制导武器只占到其中的7%，但是命中率高达90%以上。伊拉克一共有3 700多辆坦克和2 000多辆装甲车被击毁和击伤。海湾战争是一次全新的战争，预示着一个新的军事时代的到来。

值得注意的是，电子计算机技术在这次战争中得到了广泛运用，各种精确制导武器的运作、资料的收集、兵力的部署都与电子计算机技术有着密不可分的关系。在战争结束后，各种数据也通过计算机得到精确的记录。经过分析，以美国为首的多国联盟加强了军队的实战能力，而且对同样类型的作战也有了更多的了解。

第四章
智囊团的数学谋略

军需运输中的数学学问

第二次世界大战期间，同盟国为了与德国法西斯作战，要穿过大西洋运送大批的军需物资到战场。但是在1943年以前，负责运输各种物资的英美船队经常遭受德军潜艇的袭击，损失相当惨重。美英两国由于实力不足，无法派出更多的护航舰队。一时间，两国被德国的"潜艇战"搞得焦头烂额。

就在这时，美国海军部求教了几位数学家，数学家们运用概率论进行分析后发现，运输船队与德国潜艇的相遇其实是随机

的，在数学上是有一定规律的。如果一支船队的编队规模越小，批次越多，遇到德国潜艇的可能性就越大。就像一位老师要去5个同学家随意找其中一个，如果5位同学都在各自的家，那么老师只要随便去任何一家就能找到其中一位，但是如果5位同学都在其中一位同学的家里，老师可能要找5次才能找到他们，找到的可能性只有原先的20%。

同样的方式用在运输船队上，如果100艘运输船集中在一起形成1支队伍，那么遇到德国潜艇的可能性就降低了80%。而且如果一次运输的数量过于庞大，英美等国就可以派出更多的护卫舰保护运输船，这样做既可以减少运输船的损失，对集中打击潜艇也具有重大的意义。

在研究中，数学家们还发现，原本运输船是各自从港口出发，分散出航的，于是科学家们认为可以先让运输船在安全地区集中起来，然后再护送出去，这样可以减少很多麻烦。

美国海军对这个研究结果非常认可，他们马上将这项研究报告交给白宫，白宫做出决定，从此以后所有船只必须进行集中运输，先让所有船只集中到一个固定海域，然后再由护卫舰保护，集体运输出航。奇迹发生了，运输船遭到袭击的概率由原先的25%降低到了1%甚至更低，这样一来，损失大大减少，保证了战略物资的供应。

值得注意的是，由于船只都集中起来出航，保护运输船的护卫舰也可以集中护航，这样可以减少军费开支。譬如100艘运输船在原来要分成5支小队出行，需要由50艘护卫舰护航；而当100艘运输船集体出航后，只需要25艘护卫舰就可以保卫运输船。运输的安全成本大大降低，每次运输，都能让美国人省下数百万美元。

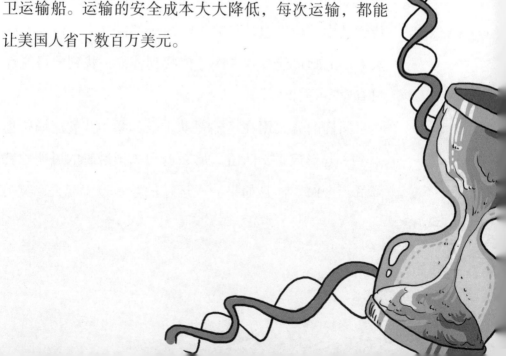

"撬动地球"的数学天才

生活在古希腊时期的阿基米德是一位数学天才，他精通各种数学知识和各种机械的制作方法。他曾经跟随著名的几何学大师欧几里得进行学习。

阿基米德死后传世的数学著作有10多本，大多数都是希腊文的手稿，比如《论球体和圆柱体》《论螺线》《沙的计算》《论平面图形的平衡或其重心》等，都是对后世数学具有重大发展意义的文献。

《沙的计算》是一本专门讲述计算方法和计算理论的书，阿基米德在这本书中提出了大量的数学公式。经过后世的验证发现，这些公式基本上都是正确的。虽然用计算机计算阿基米德留

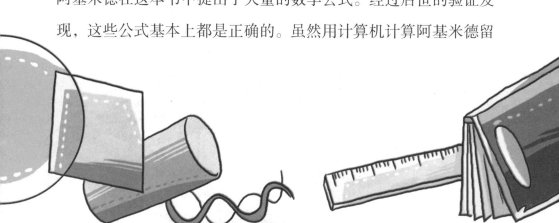

下来的公式很简单，但是在2 000多年前，阿基米德就取得了如此伟大的成就，不得不令人惊叹。阿基米德曾经提出过一个"群牛问题"，其中包含了8个未知数，最后可以转变成一个二次不定方程，解出的数字也是很惊人的，一共有20多万个数位。

在阿基米德晚年的时候，阿基米德的祖国叙拉古与罗马之间发生了战争，罗马人的军队包围了阿基米德居住的城市。叙拉古的国王向阿基米德求助，年老的阿基米德虽然反对战争，但是他又不得不尽自己的公民职责，出来保卫自己的祖国。

$$F_浮 = \rho_液(气) gV_排$$

$$\bigcirc = \text{⊙}'' + \text{☿}'$$

$$r = a$$

$$x^2 + y^2 = 0$$

　　运用超群绝伦的数学和物理知识，阿基米德发明了很多武器，他发明了一种叫石弩的抛石机，能够将大块石头抛向罗马人的船只，对其造成巨大的破坏。他还发明了一种大型起重机，能够将罗马人的战舰吊起来，然后摔进大海中，使得船破人亡。到了后来，罗马人都不敢靠近城墙，哪怕是城墙上方出现一根绳子，他们也会马上惊叫着跑得远远的，因为他们认为那一定是那位可怕的阿基米德新发明的怪物，肯定会让他们遭遇失败。

　　尽管在最后，由于守城人数太少，叙拉古还是沦陷了，阿基

米德也被罗马士兵杀害，但是阿基米德的数学知识都通过他的手稿流传了下来，给全世界带来了巨大的影响。

伟大的阿基米德曾经说过一句话："给我一个支点，我就能撬动地球。"这是多么富有激情的一句话呀！他留给世人的，不仅仅是他丰富的数学知识，还有他孜孜不倦、敢于挑战一切疑难问题的科学精神。

敦刻尔克大撤退

1940 年 5 月，第二次世界大战已经全面展开，德国利用"闪电战"迅速击溃了法国，英法联军也在德国机械化部队的快速进攻下迅速崩溃，昔日强大的法兰西全境都被占领。就在这个时候，

为了避免德国人得到法国的舰船，法国人含泪炸沉了停泊在土伦港的大批军舰，所有战斗部队都转移到敦刻尔克，准备乘船渡海，撤到对岸的英国去。

这是一个悲惨的时刻，昔日斗志高昂的法国人和英国人都垂头丧气地离开了法国，他们即将从这里离开欧洲大陆。这个时候，战争依旧在继续，近 40 万英法联军一起挤在狭窄的敦刻尔克，此时，

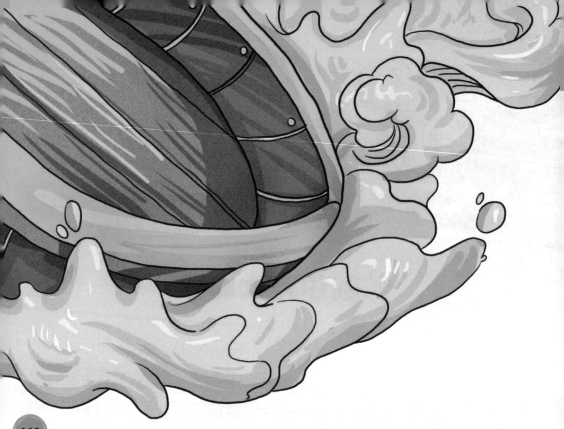

他们对前途感到万分绝望，因为强大的德国人随时可能会派出部队进攻这里，让这里变成欧洲的停尸场。

历史上最伟大的撤退开始了，一船又一船的人员撤离了敦刻尔克，到英国去了，而德国人就是迟迟不进攻，这太令人吃惊了，但是此时的英法联军已顾不得那么多，他们只顾着疯狂地将人运载到对岸去。这次大撤退从5月26日开始，一直到6月4日才结束，有33万余人被运抵英国。而德国人在进行了一些小骚扰后就再也没有响动了。

毫无疑问，这次大撤退保留了英法两国抵抗德国的中坚力量。那么德国人为什么没有阻止这次大撤退呢？他们完全有机会、有条件将这批军队全部消灭。其实原因很简单，德国的最高统帅希特勒，在这个时候错误地估计了形势。

后来的史学家们发现，就在当时，德国的陆军大将古德里安已经集结好了进攻敦刻尔克的坦克群，请求希特勒允许他率领部队进攻，但是希特勒考虑到敦刻尔克地势低洼，河渠纵横，坦克作战很不方便，于是没有同意。他的参谋们分析了敦刻尔克的地理位置，经过计算得出：敦刻尔克的地势对德军坦克群作战是非常不利的，德军不应该继续追击。于是乎，这样一个错误的计算，彻底转变了历史的进程。

在敦刻尔克大撤退的后期，德国空军元帅信誓旦旦地保证一定会消灭敦刻尔克的英法联军，希特勒同意了他的计划，但是这位喜欢夸夸其谈的空军将领可不是古德里安那样的狠角色，他的进攻只是给英法联军带来了一些小小的损伤，英法联军大部队还是安然撤离了。

今天，所有爱好和平的人可能都会庆幸那一次德国人的计算失误，也正是因为这次失误，才

让英法两国的反法西斯主
力得以保全。回望历史，
我们会发现，一次小小的
错误计算，居然影响了我
们的历史进程！

敦刻尔克后的罪责

在敦刻尔克大撤退之后，希特勒已经醒悟自己犯下了大错，但是他自己又不愿意承担这个过错，而信誓旦旦声称要消灭英法联军的戈林此时早就已经把罪责都推给了别人。无处发泄怒火的希特勒竟然迁怒于早期提出要进攻敦刻尔克的古德里安将军，他认为古德里安没有坚持自己的立场。这样一个莫须有的罪名盖下来，古德里安有苦难言。从这以后，希特勒对古德里安更加不待见了，很少给予他统兵的机会，这无疑又减轻了反法西斯同盟的作战压力。

生死存亡的一刻

　　在 1941 年的珍珠港事件发生后，美国终于对德日宣战。战争持续到 1942 年，战局已经发生了重大变化。为了支援北非战场上的英军，美国陆军参谋长马歇尔任命巴顿为第一装甲军军长。1942 年 10 月，巴顿率领 4 万多美军，乘坐 100 艘战舰，向距离美国 4 000 千米的摩洛哥奔去。

　　在这之前，陆军部给了巴顿一个登陆计划，要求他在 11 月 8 日凌晨登陆摩洛哥。这个登陆计划是经过精确计算的，在那一天登陆，美军在摩洛哥的军事行动就会更加顺利。但是天

不遂人愿，从 11 月 4 日开始，摩洛哥附近的海域忽然刮起大风，天气情况变得非常糟糕，大海上惊涛骇浪，船只倾斜度达到 42 度。

要知道军队登陆与天气状况可是有着巨大关系的，如果天气情况不好，强行登陆可能会造成军队人员的大量伤亡。巴顿将情况报告给了美国陆军部，这时陆军部传来命令，要求巴顿延迟登陆时间，不要造成不必要的伤亡。

11 月 6 日，天气仍然没有好转，华盛顿总部担心大风雨可能会导致舰队全军覆没，所以他们致电巴顿，让舰队在地中海沿岸的其他任何港口登陆。这一来巴顿为难了，他和参谋们经过反复研究发现，在摩洛哥登陆非常重要，如果在其他地方登陆，可能就不能起到应有的战略作用，因此在摩洛哥登陆是不可以放弃的。而且，如果继续延迟登陆时间，美国大兵们还没等和德国人作战，就可能已经死在大海里了。最后，巴顿果断回电华盛顿："无论天气如何，我依旧会按照原定计划，8 日在摩洛哥登陆。"

11 月 7 日晚上，大风忽然停了，巴顿见状大喜，立刻命令部队登陆，一批批军人立刻被输送上摩洛哥港口。8 日凌晨，所有部队登陆完成。

巴顿马上着手进行北非战役的准备工作，为最终获得反法西斯的胜利做出了巨大的贡献。

　　事后有人批评巴顿，说他的做法无疑是拿所有士兵的生命做赌注，万一登陆不成功，很可能会全军覆没。还有人认为他的成功其实只是运气。但是巴顿坚决反对这种说法，如果不是在这之前他和参谋们反反复复地推衍，并分析各种气象数据，进行计算

和选择，这次登陆是无法成功的。这绝对不是运气，而是经过了反复思考后做出的正确决定。

战争史上，真正意义上的运气和侥幸是很少的。巴顿的成功在于他果断的决定，但是，在做决定的过程中，他和参谋们反反复复进行的计算是绝对不能够被忽略的。

军事智囊团
的数学家

　　第二次世界大战是人类历史上的一场巨大灾难，在这场灾难中，无数人失去了生命，各个国家也因为战争消耗了大量的物资。但是，伴随着战争，人类科技得到了长足的进步，许多影响后世的科学技术和理论都是在这个时候发展起来的。数学就是这样。在硝烟弥漫的战争中，数学的进步铸就了军队取得的巨大成就。数学家们的巨大作用得到

了人们的认可。

　　美国是率先发现这一点的国家。由于远隔重洋，美国本土并没有遭受战火的摧残，这为科学研究提供了一个很好的环境。二战期间，很多科学家都选择移居美国，光是德国和奥地利就有将近 200 名科学家移居美国，其中就包括大量的数学家。

　　大批的外来科技人才流入，给美国节省了巨大的智力投资，美国能在二战后一跃成为超级大国，跟这些外来的高智商移民们是分不开的。在这期间，美国大发战争财，同时也给同盟国提供了各种技术和武器，这些都与蒸蒸日上的科技水平是分不开的。

　　而美国军方也从那时候起开始热衷于资助各种数学研究，他们大胆地任用数学家为他们制订计划，研究科研项目，甚至对于

很多应用前景尚不明确的项目，美国军方也乐于投资，因为他们深刻地认识到，这些戴着眼镜、手无缚鸡之力的学者们其实都是强大的智力武器。

美国人曾经自豪地说："获得一个第一流的数学家，比俘虏十个师的德军还要有价值。"越来越多的科技人才的流入，让美国成为第二次世界大战中最大的胜利者。

由于中国在二战期间成了反法西斯的主战场，战火硝烟弥漫，数学家们没有安全的研究场所和固定的研究资金进行研究，因此中国的数学发展非常缓慢。新中国成立以后，随着国家对数学研究工作的逐渐重视，中国的数学研究开始慢慢发展起来。我们相信，随着时间的推移，中国数学家们在军事领域的作用也会越来越受到人们的重视。

诞生于战争的计算机

小朋友们，面对今天数不胜数的计算机，你们是否想过，最早的计算机是什么样子的？计算机又是怎么发明出来的呢？

世界上最早的计算机是在 1946 年由宾夕法尼亚大学的研究人员发明的埃尼亚克计算机，这可是个庞然大物，占地面积达 167 平方米，总重量达 27 吨。这台计算机每秒钟能够进行 5 000 次简单的加减法运算。

那么计算机为什么会被发明出来呢？我们日常生活中接触最多的计算机都是微型机，现在常用的台式机、笔记本、上网本和平板电脑都是经过多次技术革新后被发明出来的，这些计算机主要是民用的。而最初计算机的发明，却是用于军事。

　　在第二次世界大战期间，以美国为首的同盟国军队在和法西斯国家交战的过程中发现了很多军事上的问题，首要解决的问题便是弹道计算问题。所谓的弹道就是弹药离开武器之前和之后的各种物理反应和飞行轨迹。弹道计算

在军事中是很重要的。比如当我们不清楚交战敌人的大炮数量的时候，可以统计一下敌人每分钟发炮的次数，以及发炮的频率。经过一番计算，就能够推算出敌人大炮的总数。比如敌人每分钟发射 120 枚炮弹，平均每秒钟发射两枚，而从装弹到发射的时间是半分钟，那么我们便可以大致推算出：一门大炮每分钟可以发射两枚炮弹，而现在 1 分钟发射 120 枚炮弹，120÷2=60（门），也就是说，敌人的大炮总数应该是 60 门左右，这样指挥官就可以根据这个参考数据制订作战计划，以便减少伤亡。

但是战场形势瞬息万变，情况也很复杂，怎样才能让计算更加及时、结果更加精确呢？经过研究，美国军方决定研制一种专门为计算而运作的机器，这种机器的运算速度要快，运算结果也要很准确，这样才能保证战争的胜

利。于是美国军方召集了一大批科学家开始研制这种机器，经过几年的研究，第一台计算机终于问世了。

计算，原本就是数学的范畴，计算影响着人们的生活，人们任何时候都脱离不了计算。计算机的发明让计算更加方便、更加快捷。

今天，我们的计算机能够看电影、听音乐、打游戏……可是小朋友们知道吗？这在很大程度上要归功于第二次世界大战中美国军方的努力探索和一代又一代科学家们的研究，因为他们，我们今天才能用上功能强大的计算机。我们都应该知道，这是无数杰出的科学前辈们呕心沥血、废寝忘食工作的结果。